Thirugnanasambandham Karchiyappan

Aplicação de várias tecnologias para purificar as águas residuais da indústria

Thirugnanasambandham Karchiyappan

Aplicação de várias tecnologias para purificar as águas residuais da indústria

ScienciaScripts

Imprint

Any brand names and product names mentioned in this book are subject to trademark, brand or patent protection and are trademarks or registered trademarks of their respective holders. The use of brand names, product names, common names, trade names, product descriptions etc. even without a particular marking in this work is in no way to be construed to mean that such names may be regarded as unrestricted in respect of trademark and brand protection legislation and could thus be used by anyone.

Cover image: www.ingimage.com

This book is a translation from the original published under ISBN 978-613-4-94209-6.

Publisher:
Sciencia Scripts
is a trademark of
Dodo Books Indian Ocean Ltd. and OmniScriptum S.R.L publishing group

120 High Road, East Finchley, London, N2 9ED, United Kingdom
Str. Armeneasca 28/1, office 1, Chisinau MD-2012, Republic of Moldova, Europe
Printed at: see last page
ISBN: 978-620-8-10252-4

Conteúdo

Resumo:

A industrialização crescente e o rápido crescimento da população aumentaram consideravelmente a taxa de poluição da água a nível mundial. O declínio dos recursos naturais de água tornou este facto uma séria limitação ao crescimento industrial e a um nível de vida razoável nas metrópoles. As agências de proteção ambiental impuseram proibições regulamentares mais rigorosas para proteger o ambiente aquático. Atualmente, o tratamento das águas residuais é muito importante devido à elevada utilização de água doce e à descarga de água altamente poluída. Foram adoptadas muitas tecnologias para reduzir as matérias orgânicas e inorgânicas das águas residuais. Neste capítulo, é explorada a aplicação de várias tecnologias para purificar as águas residuais industriais. Por fim, é necessário desenvolver um método de tratamento eficaz e de baixo custo operacional para o tratamento de águas residuais industriais.

Várias tecnologias para purificar as águas residuais industriais:

Rafaela et al., 2017 estudaram o sistema de tratamento biológico e de ozono em vários estágios para águas residuais reais contendo antibióticos. Neste estudo, foi proposto um sistema de tratamento em vários estágios para tratar águas residuais farmacêuticas reais contendo o antibiótico amoxicilina. Foi efectuada a ozonização (O_3) e a ozonização combinada com a biodegradação aeróbia. As águas residuais farmacêuticas reais apresentavam uma elevada concentração de matéria orgânica (TOC: 803 mg C·L⁻1 e COD: 2775 mg O_2 ·L⁻ 1), um teor significativo de amoxicilina (50 mg L^{-1}) e ecotoxicidade aguda (Aliivibrio fischeri aTU: 48,22). A ozonização revelou-se eficaz na degradação da amoxicilina (até 99%) e os resultados indicaram também a remoção da cor original das águas residuais, com um consumo médio de 1 g de ozono.

Divakaran e Pillai (2002) mostraram que o quitosano reduziu eficazmente o teor de algas por floculação e sedimentação no tratamento de águas residuais hospitalares. No entanto, observaram que a floculação era muito sensível ao pH.

Daneshvar et al (2003) investigaram a descoloração do corante azo laranja II (Acid Orange 7) utilizando o processo de eletrocoagulação. Foram testados os efeitos do pH inicial, da taxa de agitação, da concentração do corante, da distância do elétrodo, da densidade da corrente e da temperatura. Os resultados experimentais revelaram que a cor da solução de corante foi eficazmente removida *(>98%)* com redução da CQO *(>84%)*, quando o ferro foi utilizado como ânodo de sacrifício. A densidade de corrente óptima foi de 3,5 mA/cm^2 com um pH inicial ótimo de 8.

Sanna et al (2006) investigaram o tratamento de águas residuais de destilarias através de processos de nanofiltração e osmose inversa com membranas. Foi utilizada uma instalação piloto híbrida de nanofiltração (NF) e osmose inversa (RO) para remover a cor e os contaminantes das águas residuais da destilaria. A viabilidade das membranas para o tratamento de águas residuais da indústria da destilaria, variando a pressão de alimentação (0-70 bar) e a concentração de alimentação, foi testada no desempenho das membranas NF e RO compostas de película fina. Foi obtida uma elevada rejeição de 99,80% do total de sólidos dissolvidos (TDS), 99,90% da carência química de oxigénio (COD) e 99,99% de potássio no processo RO.

Amuda e Amoo (2007) examinaram a eficácia do processo de coagulação química utilizando cloreto férrico e polielectrólito (poliacrilamida não iónica) para o tratamento de águas residuais industriais de bebidas. Foi investigada a remoção da carência química de oxigénio (CQO), do fósforo total (TP) e dos sólidos suspensos totais (SST) durante o processo de coagulação química. Além disso, foram investigadas as condições óptimas para o processo de coagulação química, tais como a dosagem de coagulante, a dosagem de polielectrólito e o pH da solução, utilizando uma experiência de ensaio em frasco. Foram alcançadas remoções de 73%, 95% e 97% para a CQO, TP e SST, respetivamente, com a adição de 300 mg/l de FeCl3 a um pH de 9.

Ben e Kesentini (2008) estudaram o tratamento das águas residuais da indústria do cartão através do processo de coagulação química. Foi adoptada a metodologia de investigação experimental, com um plano composto central ortogonal. Este processo apresentou uma eficiência de purificação limitada, particularmente para a redução da CQO (58%) sob as condições de processo refinadas.

Merzouk et al (2009) examinaram os efeitos dos parâmetros operacionais como o pH, a concentração inicial, a duração do tratamento, a densidade da corrente, a distância entre eléctrodos e a condutividade no processo de eletrocoagulação em lote para tratar águas residuais têxteis. A aplicação dos parâmetros operacionais óptimos a uma água residual têxtil mostrou uma elevada eficiência de remoção de vários itens: sólidos suspensos (SS) de 86,5%, turvação de 81,56%, carência biológica de oxigénio (CBO5) de 83%, carência química de oxigénio (CQO) de 68% e cor de 92,5%.

Achisa et al., 2017 estudaram a Avaliação da sinergia e do recrescimento bacteriano na desinfeção por ozonização fotocatalítica de águas residuais municipais. A ozonização fotocatalítica inactivou eficazmente as bactérias alvo e foram observadas interações sinérgicas positivas, conduzindo a índices de sinergia (SI) de até 1,86, indicando um desempenho muito superior ao da ozonização e da fotocatálise individualmente (SI $\leq$ 1, sem sinergia; SI > 1 mostra sinergia entre os dois processos). Além disso, verificou-se uma redução substancial do tempo de contacto necessário para a inativação bacteriana completa em 50-75% em comparação com os processos unitários individuais de ozonização e fotocatálise.

Merzouk et al (2009) investigaram o desempenho do processo de eletrocoagulação contínua para a descoloração e remoção de CQO de uma água residual têxtil preparada sinteticamente, utilizando eléctrodos de alumínio. Neste trabalho, a eletrocoagulação foi optimizada em termos das principais condições de funcionamento, tais como a condutividade de 1500 mg/l, o pH influente de 7, a densidade de corrente de 25,2 A/m^2 e a concentração de corante de entrada de 200 mg/l. Nestas condições, a redução da CQO foi de 80%.

Vimal e Arvind (2009) investigaram a otimização dos parâmetros de adsorção em lote de um corante azoico utilizando o desenho Box-Behnken. Neste estudo, foi utilizada a metodologia de superfície de resposta para a remoção de alaranjado de metilo (MO) de uma solução aquosa utilizando carvão ativado de qualidade comercial (ACC) como adsorvente. As experiências foram realizadas de acordo com o desenho estatístico de superfície Box-Behnken com quatro parâmetros de entrada, nomeadamente a dose de adsorvente (w: 5-20 g/L), o tempo de contacto (t: 2-6 h), a temperatura (T: 25-55 °C) e o pH (pH: 2-8). A concentração inicial de MO ($c_0{=}100$ mg/L) foi tomada como um parâmetro de entrada fixo. A análise de regressão mostrou um bom ajuste dos dados experimentais ao modelo polinomial de segunda ordem com um coeficiente de determinação (R^2) de 0,9114. A otimização de w (15,75 g/l), t (4 h), T (40 °C) e pH (2) permitiu uma remoção máxima de 99,11% de MO por ACC.

Kaan et al (2009) investigaram a modelação da superfície de resposta da remoção de Pb(II) de uma solução aquosa por *Pistacia vera* L. Foi utilizado um desenho experimental Box-Behnken de três factores e três níveis, combinado com modelação da superfície de resposta (RSM) e programação quadrática para maximizar a remoção de Pb(II) de uma solução aquosa. Três variáveis independentes (pH inicial da solução variando de 2,0 a 5,5, concentração inicial de iões Pb(II) variando de 5 a 50 ppm e tempo de contacto variando de 5 a 120 min) foram consecutivamente codificadas como x_1, x_2 e x_3 em três níveis (-1, 0 e 1), e uma equação de regressão polinomial de segunda ordem foi então derivada para prever as respostas. Nas condições óptimas, a eficiência de remoção de Pb(II) foi de cerca de 98%.

YaseminKaya et al., 2017 investigaram o tratamento de águas residuais farmacêuticas baseadas em síntese química em um sistema de biorreator de membrana anaeróbica por ozonização (AnMBR). O AnMBR foi operado com sucesso até 7500 mg / L de demanda química de oxigênio (DQO), mas a inibição de sulfito ocorreu neste carregamento. Foi aplicado um processo de pré-ozonização para ultrapassar o problema da inibição do sulfito resultante das águas residuais brutas, diminuindo a concentração de sulfito através da oxidação a sulfato. Além disso, foi demonstrado que este processo também foi eficaz na obtenção de elevadas eficiências de remoção de etodolac até 99%. O sistema combinado alcançou uma eficiência de remoção de CQO de cerca de 90%.

Khayet et al (2010) examinaram a otimização do processo de osmose inversa de água salobra. O desenho experimental composto central de tipo ortogonal e a metodologia de superfície de resposta (RSM) foram utilizados para desenvolver modelos preditivos para simulação e otimização de diferentes respostas, tais como o coeficiente de rejeição de sal, o fluxo de permeado específico e o índice de desempenho específico de RO. A instalação optimizada de OR garantiu uma produção de água potável de 0,2 m³ /dia com um consumo de energia inferior a 1,3 kWh/m³ .

Smita et al (2010) investigaram a eficácia dos processos de tratamento combinados, nomeadamente os processos de coagulação/floculação (C/F), electrooxidação (EO) e membrana (M), para combater a carga orgânica das águas residuais segregadas da indústria química. Foram investigados três processos combinados diferentes: i) UF-RO (CP-I); ii) C/F-EO-UF-RO (CP-II) e iii) C/F-EO1-EO2-UF-RO (CP-III). A ordem das eficiências globais de remoção de CQO e TDS foi a seguinte: CP-I, 73% e 82%; CP-II, 84% e 85%, e CP-III, 93% e 87%, respetivamente.

Sudheer et al (2010) examinaram o tratamento de efluentes de branqueamento combinados de uma fábrica indiana de pasta e papel. O efluente foi tratado por Ultrafiltração (UF), Nanofiltração (NF) e Osmose Inversa (RO). O retentado de cada experiência foi reciclado de volta para a alimentação e tratado até que a pressão de entrada aumentasse até à pressão máxima de corte para cada membrana. O permeado da ultrafiltração foi enviado para a nanofiltração e o permeado da nanofiltração foi novamente enviado para a osmose inversa. Foram avaliadas as variações da pressão transmembranar (TMP) e do fluxo de permeado. Os resultados mostraram que o processo RO produz água reutilizável em condições óptimas.

Cassini et al (2010) examinaram as águas residuais da indústria de produção de proteína isolada de soja usando o processo de osmose reversa. A membrana de 5 kDa apresentou os melhores resultados, com a menor redução do fluxo de permeado, as mais altas porcentagens de retenção (34% de DQO, 52% de proteína, 21% de TS e 86% de TSS) e a água com melhor qualidade final.

Ozge et al., 2017, estudaram o processo E-peroxone para o tratamento de águas residuais de lavandaria. Neste trabalho, a E-peroxona não foi muito eficaz na eliminação da carência química de oxigénio (COD) das águas residuais da lavandaria, removeu quase 77% da substância ativa azul de metileno (MBAS), enquanto os processos de EOX e ozonização removeram 86% da MBAS.

Meltem e Aysegul (2010) examinaram a abordagem de conceção de experiências estatísticas para a remoção de arsénio por processo de coagulação utilizando sulfato de alumínio. O projeto de experimento estatístico Box - Behnken (BBD) e a metodologia de superfície de resposta (RSM) foram usados para investigar os efeitos das principais variáveis operacionais. A concentração inicial de arseniato, o pH e a dose de sulfato de alumínio foram selecionados como variáveis independentes no BBD, enquanto a remoção de arseniato foi considerada como a função de resposta. Os valores previstos de remoção de arseniato obtidos utilizando as funções de resposta estavam em boa concordância com os dados experimentais. Este estudo mostrou que a metodologia de conceção estatística era uma abordagem eficiente e viável na determinação das condições óptimas para a remoção de arsénio por coagulação e floculação.

Sadri et al (2010) investigaram o processo de coagulação/floculação para a remoção de corantes utilizando a metodologia de superfície de resposta. Neste estudo, foi investigado o desempenho de uma lama de estação de tratamento de água (FCS: lama de cloreto férrico) para a remoção do corante vermelho ácido 119 (AR119) de soluções aquosas. O pH inicial ótimo, a dosagem de FCS e a concentração inicial de corante foram de 3,5, 236,68 mg de FCS seco/L e 65,91 mg/L, respetivamente. Nas condições óptimas de funcionamento, a remoção do corante foi de 96,53%.

Akbal e Camci (2010) examinaram a remoção de cobre, crómio e níquel de um efluente de metalização por eletrocoagulação utilizando eléctrodos de alumínio e ferro. Foi aplicada uma vasta gama de densidade de corrente ($2,5mA/cm^2$ - $10mA/cm^2$) no seu processo de eletrocoagulação. Todos os metais foram quase completamente removidos com o aumento da densidade de corrente de $2,5mA/cm^2$ para $10mA/cm^2$ no caso dos eléctrodos de alumínio e de ferro.

Kobya et al (2010) determinaram que o intervalo de pH inicial ótimo é de 8-10 para a remoção máxima de níquel de efluentes de revestimento de cianeto de níquel por eletrocoagulação utilizando eléctrodos de placa de ferro fundido. A concentração de níquel foi reduzida de 175 *mg/l* para 1,92 *mg/l* a um pH inicial de 8. No mesmo estudo, o intervalo de pH inicial ótimo foi determinado como 7,6-10,6 para a remoção máxima de cádmio de efluentes de revestimento de cianeto de cádmio por processo de eletrocoagulação com eléctrodos de placa de ferro fundido.

Vasudevan et al (2010) observaram que, no seu processo de eletrocoagulação para tratar águas residuais de arseniato, 91% do arsénico foi removido à medida que a densidade de corrente foi aumentada de 0,5 para 2mA/cm^2 e permaneceu inalterada com novos aumentos na densidade de corrente.

Kumar e Goel (2010) investigaram a remoção de arsénio e nitrato na água potável utilizando o processo de eletrocoagulação (EC) de fluxo contínuo. Verificaram que, nas condições óptimas de funcionamento, as eficiências de remoção do arsénio e do nitrato eram de 85% e 91%, respetivamente.

Krishna (2010) examinou os estudos de eletrocoagulação da lavagem gasta da destilaria utilizando ânodos de cobre. A intensidade da corrente (1,5 A), a diluição (10%) e o tempo de eletrólise (5 h) foram considerados as condições óptimas para a remoção máxima de cor de 77,11%. A remoção real da cor nas condições optimizadas foi de 78,26%, o que foi previsto utilizando a metodologia de superfície de resposta (RSM).

Franciele et al (2010) estudaram a remoção de dois corantes reactivos (Preto 5 e Laranja 16) através de um processo de tratamento combinado com coagulação química/adsorção em carvão ativado. O carvão ativado derivado de cascas de coco foi utilizado como adsorvente e o cloreto de alumínio foi utilizado como coagulante. A fim de obter as melhores condições para a remoção dos corantes, foi verificada a influência dos seguintes parâmetros: dosagem de coagulante e alcalinizante, pH da solução aquosa, temperatura da mistura e adição de sal (cloreto de sódio). Nas condições óptimas, as eficiências de remoção foram de aproximadamente 90% e 84% para o Preto 5 e o Laranja 16, respetivamente.

Tekin et al (2010) aplicaram com sucesso o RSM para otimizar as condições de biossorção para a remoção máxima de iões Cu(II) de soluções aquosas. *Foi utilizado um fungo Trametes versicolor* como biossorvente. Na primeira etapa, os factores mais eficazes do meio foram determinados através do desenho de Plackett-Burman (PB). Em seguida, foram utilizados os passos de acentuação mais acentuada seguidos de um desenho composto central para avaliar as condições óptimas de biossorção para a remoção máxima de iões Cu(II). Com base na análise estatística, foram obtidas as condições óptimas de 5,51, 20,13 °C e 60,98 mg/l como pH médio, temperatura média e concentração inicial de Cu(II), respetivamente. Finalmente, a análise de variância (ANOVA) do projeto composto central mostrou que o modelo quadrático proposto se ajustava muito bem aos dados experimentais.

Salim et al (2010) examinaram o tratamento das águas residuais da indústria alimentar por eletrocoagulação. A eletrocoagulação (EC) foi utilizada para a redução da carência química de oxigénio (COD) num reator EC descontínuo utilizando eléctrodos de alumínio. A etapa de sedimentação com diferentes velocidades de sedimentação das lamas (SSV) seguiu-se à etapa de EC, que foi utilizada para a remoção da turvação (NTU) e da concentração total de lamas (TS). Os processos electroquímicos e de sedimentação acoplados foram optimizados através de uma análise de superfície de resposta de Box-Behnken. O desenho de Box-Behnken foi utilizado para derivar um modelo estatístico do efeito dos parâmetros estudados sobre a CQO, a turvação, a eficiência de remoção de TS e a velocidade de sedimentação das lamas (SSV) utilizando eléctrodos de alumínio.

Shilpi et al (2010) investigaram o processo de coagulação química como um processo de pré-tratamento para o tratamento de águas residuais de ácido tereftálico purificado (PTA). Foi estudado o efeito de vários coagulantes inorgânicos e orgânicos no tratamento de águas residuais recolhidas do tanque de equalização de caudal de uma estação de tratamento de efluentes.

Os testes em frascos revelaram que as águas residuais eram melhor tratadas quando 3 g/l de cloreto férrico eram doseados a um pH de 5. Nas condições óptimas, a CQO das águas residuais foi reduzida em 75,5%.

Anurag et al (2010) estudaram a eficácia dos processos de coagulação química (utilizando produtos químicos à base de alumínio e sulfato ferroso) e de precipitação ácida (utilizando H_2SO_4) para o pré-tratamento de licor negro diluído obtido de uma fábrica de pasta e papel. O alúmen comercial foi considerado o mais económico de todos os sais de alumínio e ferrosos utilizados como coagulante. A remoção máxima da carência química de oxigénio (63%) e a redução da cor (90%) a um pH de 5,0 foram obtidas com o alúmen.

Imen et al (2011) examinaram a eficiência da descoloração de águas residuais têxteis utilizando o tratamento de coagulação química. Foi realizada uma série de experiências com águas residuais preparadas em laboratório, combinando dois corantes reactivos, como o azul Bezaktiv S-GLD 150 e o preto Novacron R. Para otimizar o processo de coagulação química, foi aplicada a metodologia de superfície de resposta (RSM). Nas condições óptimas do processo, a coagulação química com cloreto férrico conduz a uma percentagem máxima de remoção de cor de cerca de 93% a 593 nm e 94% a 620 nm para o Blue Bezaktiv S-GLD 150 e o Black Novacron R, respetivamente.

Benedetta et al. estudaram o tratamento de águas residuais de pirólise por adsorção em biochars produzidos a partir de biomassa de choupo. Neste estudo, foram testados dois biochars produzidos a diferentes temperaturas (550 e 750 °C) e um biochar ativado produzido por ativação química com NaOH da biomassa bruta. O estudo mostra que uma temperatura mais elevada na produção de biochar conduz a uma maior capacidade de sorção dos compostos orgânicos devido a um aumento da área de superfície.

Kobya et al (2011) estudaram a remoção de arsénio (As) por eletrocoagulação utilizando eléctrodos de ferro e de alumínio para tratar águas de lavagem de galvanoplastia. As eficiências máximas de remoção para uma ligação monopolar de eléctrodos foram de 99,3 % para eléctrodos de ferro a pH 6,5 e de 98,9 % para eléctrodos de alumínio a pH 7.

Fong et al (2011) estudaram a eficácia do método de coagulação química para a remoção de metais pesados, nomeadamente o chumbo (Pb), utilizando sulfato de alumínio (alúmen), cloreto de polialumínio (PACl) e cloreto de magnésio (MgCl2) como coagulantes com Koaret PA 3230 como polieletrólito. A remoção máxima de Pb(II) foi observada em diferentes intervalos de pH distintos: 6,2-7,8 para o alúmen, 8,0-9,3 para o PACl e 8,7-10,9 para o $MgCl_2$, independentemente dos tipos de solução. O PACl foi considerado o mais eficaz entre os coagulantes utilizados neste estudo.

Kobya et al (2011) examinaram os efeitos dos modos de ligação dos eléctrodos de Fe e Al (paralelo e série) e dos materiais dos eléctrodos na eficiência de remoção de arsénio da água potável pelo processo de eletrocoagulação (CE). Foram realizadas experiências para remover o arsénico pela CE cobrindo uma vasta gama de condições de funcionamento, tais como pH (4-9), densidade de corrente ($1,75\text{-}7,5A/m^2$) e tempo de funcionamento (0-15 min). A remoção máxima de arsénio foi obtida no modo de ligação do elétrodo em série monopolar (MP-S) para ambos os eléctrodos como pH 6,5 para Fe e pH 7 para eléctrodos de Al para atingir uma concentração residual de arsénio de 10 µg/l ou menos para água potável no processo CE.

Threrujirapapong et al., 2017 examinaram o tratamento de águas residuais industriais com elevado teor de carbono orgânico utilizando o processo de fotocatálise. Em escala de laboratório, os reatores de 800 ml foram configurados para otimizar a melhor condição para o pH e a carga de TiO2. Os resultados sugeriram que o pH não teve efeitos sobre a remoção de DQO, enquanto a eficiência de remoção de DQO foi aumentada pela carga de TiO2. A maior eficiência de remoção de DQO de 85% foi encontrada na carga de TiO2 de 1 g/l. O reator de 200 l à escala piloto e o reator de

3000 l à escala industrial foram estabelecidos e operados continuamente durante 30 dias. Os resultados revelaram que a eficiência de remoção de CQO foi > 90%, e a concentração de CQO foi reduzida para 250-300 mg/l nas águas residuais tratadas.

Saprykina (2012) examinou o desempenho do processo de eletrocoagulação para remover micromicetes da água da torneira. Foram definidos os seguintes parâmetros óptimos para o funcionamento do aparelho: densidade de corrente-21 mA/cm^2 , intensidade de corrente-60 mA, área das placas ferrosas-3 cm^2 . Nas condições óptimas de funcionamento acima mencionadas, foi removido o máximo de micromicetes (97%) da água.

Mohd ariffin abu hassan et al (2012) examinaram o quitosano como coagulante para reduzir os níveis de CQO e turbidez nas águas residuais da indústria têxtil. As condições óptimas para este estudo foram 30 mg/l de quitosano, pH de 4 e 20 minutos de tempo de mistura com 250 rpm de taxa de mistura durante 1 minuto, 30rpm de taxa de mistura durante 20 minutos e 30 minutos de tempo de sedimentação. Além disso, o quitosano apresentou o melhor desempenho nestas condições, com 72,5% de remoção de CQO e 94,9% de remoção de turvação.

Erhan et al (2012) examinaram a otimização de águas residuais de levedura de padeiro utilizando a metodologia de superfície de resposta por eletrocoagulação. A eletrocoagulação (EC) foi utilizada para a remoção da cor, da carência química de oxigénio (COD) e do carbono orgânico total (TOC) dos efluentes de levedura de padeiro (BYEs) num reator EC descontínuo utilizando eléctrodos de alumínio. Foram efectuadas optimizações de efluentes anaeróbios (AE) e anaeróbios-aeróbios (AAE) através da metodologia de superfície de resposta para descrever os efeitos interactivos dos três principais parâmetros independentes do processo (pH inicial, densidade de corrente e tempo de funcionamento) nas eficiências de remoção de cor, CQO e COT. A remoção máxima de cor, CQO e COT foi de 88%, 48% e 49% a 80 A/m^2 , pH 4 e 30 min para AE e 86%, 49% e 43% a 12,5 A/m^2 , pH 5 e 30 min para AAE, respetivamente. Os custos de funcionamento para a AE e a AAE nas condições optimizadas foram de 0,418 €/m^3 e 0,076 €/m^3 , respetivamente.

Wen et al (2012) examinaram a eletrocoagulação de fluxo contínuo para o tratamento de águas residuais de GMS utilizando coagulantes poliméricos através de um projeto de processo misto e de métodos de superfície de resposta. Os resultados da análise de regressão múltipla sugeriram os efeitos cruciais da tensão da célula aplicada, do caudal de alimentação e dos coagulantes poliméricos ternários no desempenho da resposta. Esta abordagem também levou à otimização dos constituintes da mistura para coagulantes de polímeros ternários sob um campo elétrico. As remoções máximas de cor e CQO dos tratamentos de águas residuais de MSG foram de 86% e 68%, respetivamente.

Jih et al (2012) investigaram a utilização de quitosano como adsorvente de substâncias orgânicas cloradas comuns em águas residuais, nomeadamente 4-clorofenol e tetracloroetileno. Relataram a utilização de experiências de equilíbrio de adsorção isotérmica e de adsorção dinâmica para descrever os fenómenos de adsorção a pH 4, 5, 6, 7 e 9. Os resultados mostraram que o 4-clorofenol é mais adsorvido a um pH de 6, enquanto o tetracloroetileno é mais adsorvido a um pH de 4.

Joseph et al. estudaram o aumento da capacidade de adsorção da argila através da secagem por pulverização e do processo de modificação da superfície para o tratamento de águas residuais. Os testes de adsorção foram realizados com azul de metileno e os resultados mostraram que a capacidade de adsorção foi influenciada pelo pH da solução, com adsorção máxima a pH 10 e 120 minutos de tempo de contacto. O modelo de Freundlich é mais aplicável a este processo. A argila seca por pulverização teve um melhor desempenho do que a argila modificada e a argila em bruto, com uma capacidade de adsorção de 168 mg/g (a 333 K). Os parâmetros termodinâmicos calculados revelaram que o processo de adsorção é espontâneo a todas as temperaturas estudadas (303-333 K) para a argila seca por pulverização.

Ochando et al (2012) examinaram o efeito da recirculação do permeado na depuração de águas residuais pré-tratadas de lagares de azeite através de membranas de osmose inversa. Os resultados obtidos mostraram que a recirculação de uma fração do fluxo de permeado superior a 10%, proporcionou um fluxo de permeado elevado e estável, assegurando que não houve declínio significativo do fluxo em estado estacionário. Nestas condições, foi conseguida uma remoção de 100% de sólidos suspensos, fenóis e ferro, para além de uma eficiência global de rejeição de CQO e condutividade de cerca de 99,4% e 98,2%, respetivamente.

Ochando et al (2013) examinaram a reutilização de efluentes de lagares de azeite provenientes de um processo de extração de duas fases através de um tratamento integrado de oxidação avançada e osmose inversa. Neste trabalho, a recuperação completa dos efluentes do lagar de azeite provenientes de um processo de extração de azeite de duas fases foi estudada à escala piloto. O procedimento de depuração desenvolvido integra um processo de oxidação avançada baseado no reagente de Fenton acoplado a uma fase final de osmose inversa (OR). Após a otimização das condições hidrodinâmicas, a membrana RO mostrou um desempenho estável e os problemas de incrustação foram satisfatoriamente ultrapassados. O fluxo de permeado em estado estacionário é igual a 21,1 L/hm^2 e foram atingidos valores de rejeição de 99,1% e 98,1% dos poluentes orgânicos e da electrocondutividade, respetivamente.

Li et al (2013) examinaram o quitosano com diferentes graus de desacetilação (DD) e diferentes pesos moleculares (Mw) como floculante de suspensões de caulinite preparadas com água desmineralizada (DW) e água da torneira (TW), respetivamente. Foram investigados os efeitos dos parâmetros moleculares do quitosano (i.e. DD e Mw) e das condições ambientais (i.e. pH, turvação inicial, dosagem de floculante e meio aquoso) na eficiência da coagulação polimérica. Para otimizar a seleção dos parâmetros moleculares do quitosano e das condições ambientais, a eficiência da coagulação polimérica foi investigada utilizando testes ortogonais. Os resultados indicaram que o efeito do pH na eficiência de coagulação polimérica do quitosano é insignificante. A dosagem de quitosano necessária para a eficiência máxima de coagulação polimérica de suspensões de caulinite foi de 0,10 mg/l e a turvação residual atingiu o valor-alvo (isto é, 10 NTU) na gama de pH 3-9, tanto em TW como em DW.

Ching et al (2013) investigaram o processo de coagulação polimérica de águas superficiais com elevada turbidez utilizando quitosano, um polímero catiónico linear natural, e cloreto de alumínio, um sal metálico, e a mistura dos dois coagulantes de acordo com a turbidez residual, o volume de lamas e a concentração de alumínio residual. Os autores referiram que o quitosano reduziu eficazmente a turvação até 6 NTU em condições óptimas.

Aghaie et al (2013) investigaram a otimização dos componentes do meio para a produção de lacase por *Paraconiothyrium variabile* utilizando a metodologia de superfície de resposta. Foi efectuada uma triagem inicial através do desenho de Plackett-Burman para selecionar as principais variáveis de entre onze componentes do meio, entre as quais se verificou que a peptona, o $CuSO_4$ e a xilidina tinham efeitos significativos na produção de lacase. Após a aplicação do método da subida mais íngreme para se aproximar do ponto ótimo, foi utilizado um desenho composto central para otimizar o nível das variáveis selecionadas. Nas concentrações óptimas dos parâmetros mais eficazes, incluindo peptona, 2,2 g/l, $CuSO_4$, 0,03 g/l, e xilidina 1,29 mM, a atividade da lacase extracelular foi aumentada de 970 U/l (em meio basal) para 16 678 U/l, o que significa um aumento de 17 vezes na produção de lacase no meio optimizado. O sobrenadante do meio optimizado foi utilizado para a descoloração de cinco corantes sintéticos, entre os quais 93% do Remazol brilliant blue R (com uma concentração inicial de 600 mg/l) desapareceu após 3 h de tratamento na presença de

5 mM de hidroxibenzotriazol.

Gang et al (2013) examinaram o acoplamento da biossorção e da separação por membrana, um biossorvente de baixo custo do tipo membrana (MBS) de biomassa de *Penicillium*. As experiências de biossorção em lote indicaram que a capacidade máxima de biossorção de Cu(II) na MBS era de 126,58 mg/g e cerca de 90% da capacidade da membrana de quitosano. Foi construído um reator de coluna de placas preenchido com várias camadas de MBS para o tratamento de águas residuais contaminadas por Cu(II). Os factores do processo de biossorção foram analisados utilizando o desenho de Plackett-Burman e foram selecionadas três variáveis significativas para posterior otimização através da metodologia de superfície de resposta (RSM) baseada no modelo Box-Behnken. Foi construído um modelo estatístico polinomial de segunda ordem com um erro inferior a 1,22%, com base no qual foram traçadas as superfícies de resposta tridimensionais.

Choong, 2017 estudou a adsorção e recuperação de pérolas de café imobilizadas para iões de prata de águas residuais industriais, para adsorver eficientemente iões de prata de águas residuais industriais, as borras de café em pó foram imobilizadas como uma forma de pérolas por álcool polivinílico modificado e método de ácido bórico. As pérolas com 2,0 mm de diâmetro têm 9,87 m^2/g de área de superfície e foram estáveis na gama de ~45 °C e em todas as gamas de pH das águas residuais sem se desprenderem. Além disso, as esferas têm uma excelente resistência mecânica e um baixo rácio de inchamento. A capacidade de adsorção dos grânulos de borra de café imobilizados para o ião prata foi de cerca de 36,3 mg/g a um pH de 6,0 na solução de

águas residuais quando se utilizaram grânulos com 3,0 g de borra de café.

Conclusão:

Neste capítulo, são exploradas várias tecnologias para purificar as águas residuais. As estações de tratamento convencionais raramente funcionam em algumas fábricas, provavelmente por exigirem um elevado consumo de energia. Do mesmo modo, a utilidade dos processos físicos e químicos tem sido limitada devido ao seu funcionamento dispendioso e ao subsequente problema de eliminação das lamas químicas geradas. Todos os métodos de tratamento convencionais utilizados para o tratamento de resíduos industriais estão associados aos seus próprios inconvenientes inerentes que limitam a sua aplicação prática. Por exemplo, os produtos químicos de precipitação são dispendiosos e não podem ser recuperados, o que implica um custo significativo para o sistema. Além disso, a separação por membranas é rentável e frequentemente condicionada por uma gestão difícil da instalação, uma vez que exige uma estratégia de controlo cuidadosa. Os filtros de decantação são susceptíveis a tensões ambientais e a problemas de entupimento. Trata-se de processos de trabalho intensivo e morosos e estas tecnologias revelaram-se dispendiosas e pouco fiáveis. Para cumprir a legislação rigorosa dos governos central e estadual em matéria de proteção do ambiente, as cargas poluentes descarregadas por estas indústrias devem, em primeiro lugar, ser reduzidas de forma significativa e, em seguida, deve ser aplicada uma fase de tratamento adequada para melhorar a qualidade da descarga final em termos de teores residuais de poluentes. Deste ponto de vista, há uma necessidade crítica de desenvolver uma técnica de tratamento combinado economicamente viável para tratar as águas residuais das indústrias, a fim de garantir a sustentabilidade ambiental.

24

Referências:

- Zulkali, MMD, Ahmad, AL, Norulakmal, NH & Oryza, L 2006 , 'Husk as heavy metal adsorbent: optimization with lead as model solution', Bioresource Technology, vol. 97, pp. 21-28.

- Goel, J, Kadirvelu, K, Rajagopal, C & Garg, VK 2003,'Cadmium(II) uptake from aqueous solution by adsorption onto carbon aerogel using a response surface methodological approach', Industrial and Engineering Chemistry Research, vol.45, pp. 6531-6538.

- Singh, KP, Gupta, S, Singh, AK & Sinha, S 2010, 'Experimental design and response surface modeling for optimization of Rhodamine B removal from water by magnetic nanocomposite', Chemical Engineering Journal, vol.165, pp.151-160.

- Mikko, V, Martti, P & Mika, S 2012,'Effect of electrochemical cell structure on natural organic matter (NOM) removal from surface water through electrocoagulation (EC), Separation and Purification Technology',vol. 99, pp. 20-27.

- Salim, Z, Olivier, P, Francois, L & Jean, L 2010, 'Tratamento de águas residuais industriais por eletrocoagulação: Otimização de processos electroquímicos e de sedimentação acoplados", Desalination, vol. 261, pp.186-190.

*   Zarouala, Z, Chaairb, H, Essadkic, AH, Assa, K & Azzia, M 2009, 'Optimizing the removal of trivalent chromium by electrocoagulation using experimental design', Chemical Engineering Journal, vol. 148, pp.488-495.

*   Wen JC, Wen TS & Hsiu YH 2012, 'Continuous flow electrocoagulation for MSG wastewater treatment using polymer coagulants via mixture-process design and response-surface methods', Journal of the Taiwan Institute of Chemical Engineers,vol.43, pp.246-255.

*   <u>Choong Jeon</u>, Adsorção e recuperação de grânulos de café moído imobilizados para iões de prata de águas residuais industriais, <u>Journal of Industrial and Engineering Chemistry Volume 53</u>, 25 de setembro de 2017, Páginas 261-267.

*   Paritosh, T, Vimal, C.S. & Arvind, K 2004, 'Desalination Optimization of an azo dye batch adsorption parameters using Box-Behnken design', vol.249, pp.1273-1279.

*   Guo, WQ, Ren, NQ, Wang, XJ, Xiang, WS, Ding, J & Liu, BF 2009, 'Otimização das condições de cultura para a produção de hidrogénio por *Ethanoligenens harbinense* B49 utilizando a metodologia de superfície de resposta', Bioresource Technology, vol.100, pp.1192-1196.

*   Jorge, FM & Alejandro, CO 2010,'O efeito das interações de factores em desenhos experimentais Plackett-Burman: Comparison of Bayesian-Gibbs analysis and genetic

algorithms', Chemometrics and Intelligent Laboratory Systems, vol.102, pp. 8-14.

• Ahmad, AL, Sumathi, S & Hameed, BH 2006, 'Coagulation of residue oil and suspended solid in palm oil mill effluent by chitosan, alum and PAC', Chemical Engineering Journal vol.118, pp.99-105.

• Zhen, L, Yanxin, W, Yu, Z, Hui, L & Zhenbin, W 2009, 'Variables affecting melanoidins removal from molasses wastewater by coagulation/flocculation', Separation and Purification Technology,vol.68, pp.382-389.

• Ahmad, AL, Wong, SS, Teng, TT & Zuhairi, A 2007, 'Optimization of coagulation-flocculation process for pulp and paper mill effluent by response surface methodological analysis', Journal of Hazardous Materials vol.145, pp.162-168.

• Shilpi, V, Basheshwar, P & Indra, MM 2010, 'Pretreatment of petrochemical wastewater by coagulation and flocculation and the sludge characteristics', Journal of Hazardous Materials,vol.178, pp.1055-1064.

• Leivisk, T & Ram, J 2008, 'Coagulation of wood extractives in chemical pulp bleaching filtrate by cationic polyelectrolytes', Journal of Hazardous Materials,vol.153, pp.525-531.

• Anurag, G, Mishra, IM & Chand, S 2010, 'Effectiveness of coagulation and acid precipitation processes for the pre-treatment of diluted black liquor', Journal of Hazardous Materials, vol.180 pp.158-164.

• Ben ML, & Kesentini, I 2008, 'Treatment of effluents from cardboard industry by coagulation-electroflotation', Journal of Hazardous Materials, vol.153 pp.1067-1070.

• Mehmet, K, Erhan, D & Oguz, S 2012, ' Effect of operational parameters on the removal of phenol from aqueous solutions by electrocoagulation using Fe and Al electrodes, Desalination and Water Treatment,vol.46, pp.366-374.

• Merzouk, B, Yakoubi, M, Zongo, I, Leclerc, JP, Paternotte, G, Pontvianne, S & Lapicque, F 2011, 'Effect of modification of textile wastewater composition on electrocoagulation efficiency, Desalination, vol.275, pp. 181-186.

• Merzouk, B, Gourich, B, Sekki, A, Madani, K, Vial, C & Barkaoui, M 2009, 'Studies on the decolorization of textile dye wastewater by continuous electrocoagulation process', Chemical Engineering Journal, vol. 149, pp. 207-214.

• Cerqueira, C & Russo, MC 2009, 'Electrofloculação para o tratamento de águas residuais têxteis', Brazilian Journal of Chemical Engineering, vol.26, pp. 659-668.

• Essadki, AH, Bennajah, M, Gourich, B, Vial, C, Azzi, M & Delmas, H 2008, 'Electrocoagulation/electroflotation in an external-loop airlift ReactorApplication to the decolorization of textile dye wastewater: a case study', Chemical Engineering Processing,vol.47, pp. 1211-1223.

• Arslan, A, Kabda, I, Hanbaba, D & Kuybu, E 2008, 'Electrocoagulation of a real reactive dyebath effluent using aluminum and stainless steel electrodes', Journal of Hazardous Materials,vol.150, pp. 166-173.

• Zaroual, Z, Azzi, M, Saib, N & Chain, E, 2006, 'Contribution to the study of electrocoagulation mechanism in basic textile effluent', Journal of Hazardous Materials, vol.B131, pp. 73-78.

• Daneshvar, N, Ashassi-Sorkhabi, H & Tizpar, A 2003, 'Decolorization of Orange II by electrocoagulation method', Seperation and Purification Technology, vol. 31 , pp. 153-162.

• Kobya, M, Can, OT & Bayramoglu, M 2003, 'Treatment of textile wastewaters by electrocoagulation using iron and aluminum electrodes', Journal of Hazardous Materials, B100, pp.163-178.

• Zaied, M & Bellakhal, N 2009, 'Electrocoagulation treatment of black liquor from paper industry', Journal of Hazardous Materials, vol.163, pp. 995-1000.

• Khansorthong, S & Hunsom, M 'Remediation of wastewater from pulp and paper mill industry by the electrochemical technique', Chemical Engineering Journal, vol.151, pp. 228-234.

• Hanafi, F, Belaoufi, A, Mountadar, M & Assobhei, O 2011, 'Augmentation of biodegradability of olive mill wastewater by electrochemical pretreatment: Effect on phytotoxicity and operating cost", Journal of Hazardous Materials, vol. 190, pp. 94-99.

• Hanafi, F, Assobhei, O & Mountadar, M 2010, 'Detoxification and discoloration of Moroccan olive mill wastewater by electrocoagulation', Journal of Hazardous Materials,vol.174, pp. 807- 812.

• Adhoum, N & Monser, L 2004, 'Decolourization and removal of phenolic compounds from olive mill wastewater by electrocoagulation', Chemical Engineering Process. vol.43, pp. 1281-1287.

• Inan, H, Dimoglo, A, Sim, H & Karpuzcu, M 'Olive oil mill wastewater treatment by means of electro-coagulation', Separation and Purification Technology, vol. 36, pp.23-31.

•   Hanafi, F, Assobhei, O & Mountadar, M 2010, 'Detoxification and discoloration of Moroccan olive mill wastewater by electrocoagulation', Journal of Hazardous Materials, vol. 174 , pp. 807- 812.

•   Akbal, F & Camc, S 2010, 'Comparison of electrocoagulationand chemical coagulation for heavy metal removal' Chemical Engineering Technology. vol.33, pp. 1655-1664.

•   Kobya, M, Demirbas, E, Parlak, NU & Yigit, S 2010, ' Treatment of cadmium and nickel electroplating rinse water by electrocoagulation', Environmental Technology. vol. 31, pp. 1471-1481.

•   Kobya, M, Demirbas, E, Parlak, NU & Yigit, S 2010, ' Treatment of cadmium and nickel electroplating rinse water by electrocoagulation', Environmental Technology,vol.31, pp.1471-1481.

•   Kobya, M, Ulu, F, Gebologlu, U, Demirbas, E & Oncel, MS 2011, 'Treatment of potable water containing low concentration of arsenic with electrocoagulation: Different connection modes and Fe-Al electrodes", Separation and Purification Technology, vol.77, pp. 283-293.

• Cook, SL & Uhrich, KD 1990, 'Electrochemical fluoride removal in semiconductor wastewater, 44th Purdue University Industrial Waste Conference Proceedings', Lewis Publishers, Imc., Chelsea, Michigan, pp. 373-383.

• Drouiche, N, Aoudj, S, Hecini, M, Ghaffour, N, Lounici, II & Mameri, N 2007, "Estudo sobre o tratamento de águas residuais fotovoltaicas por eletrocoagulação: Fluoride removal with aluminium electrodes - Characteristics of products", Journal of Hazardous Materials, vol.169, pp. 65-69.

• Khatibikamal, V, Torabian, A, Janpoor, F, & Hoshyaripour, G 2010, 'Fluoride removal from industrial wastewater using electrocoagulation and its adsorption kinetics', Journal of Hazardous Materials, vol.179, pp. 276280.

• Tania, C, Sudipta, C, Dae, SL, Min, WL & Seung, HW 2009, 'Coagulation of soil suspensions containing nonionic or anionic surfactants using chitosan, polyacrylamide, and polyaluminium chloride', Chemosphere, vol.75, pp.1307-1314.

• Chihpin, H, Shuchuan, C & Jill, R 2000, 'Optimal condition for modification of chitosan: a biopolymer for coagulation of colloidal particles, Water Research. vol. 34, no. 3, pp. 1057-1062.

- Xiao,YH, Huai,TB, Gang, BJ & Ming, HZ 2011, 'Cross-linked succinyl chitosan as an adsorbent for the removal of Methylene Blue from aqueous solution', International Journal of Biological Macromolecules, vol. 49, pp. 643- 651.

- Defang, Z, Juanjuan, W & Kennedy, JF 2008, 'Application of a chitosan flocculant to water treatment', Carbohydrate Polymers, vol.71, pp.135-139.

- Madhukar, V, Jadhav, V, Yogesh, S & Mahajan, N 2013, 'Investigation of the performance of chitosan as a coagulant for flocculation of local clay suspensions of different turbidities', KSCE Journal of Civil Engineering,vol.17, no.2,328-334.

- Jih, HC, Ching, LC, Amanda, VE & Cheng, HT 2012, 'Studies of Chitosan at Different pH's in the Removal of Common Chlorinated Organics from Wastewater', International Journal of Applied Science and Engineering, vol.10, no. 4, pp.293-306.

Bina, B, Mehdinejad, MH, Nikaeen, M, Movahedian, A & Iran, J 2009, 'Effectiveness of chitosan as natural coagulant aid in treating turbid waters', Environmental Health Science Engineering, vol. 6, no. 4, pp.247-252.

- Mohdariffin, A, Tan pei, L& Zainura, Z 'Coagulation and flocculation treatment of wastewater in textile industry using chitosan', Journal of Chemical and Natural Resources Engineering, vol.4, no.1, pp.43-53.

- Wipawan, P & Mali, H 2014, 'Tratamento de águas residuais de biodiesel por adsorção com flocos de quitosana comercial: Parameter optimization and process kinetics Original Research Article', Journal of Environmental Management, vol.133, pp.284-292.

- Bough, WA 1975, "Coagulation with chitosan-an aid to recovery of byproducts from egg breaking wastes", Poultry Science, vol.54, pp.19041912.

- No, HK & Meyers, SP 1989, 'Crawfish chitosan as a coagulant in recovery of organic compounds from processing streams', Journal of Agricultural Food Chemistry, vol.37, pp.580-583.

- Guerrero, L, Omil, F, Mendez, R, Lema, JM 1998, 'Protein recovery during the overall treatment of wastewaters from fish-meal factories', Bioresource Technology,vol.63, pp.221-229.

- Savant, VD & Torres, JA 2000, 'Chitosan-based coagulating agents for treatment of Cheddar cheese whey', Biotechnology Progress, vol.16, pp.1091-1097.

- Chi, FH & Cheng, WP 2006, 'Use of chitosan as coagulant to treat wastewater from milk processing plant', Journal of Polymer Environment, vol.14, pp.411-417.

• Cheng, WP, Chi, FH, Yu, RF & Lee, YC 2005, 'Using chitosan as a coagulant in recovery of organic matters from the mash and lauter wastewater of brewery', Journal of Polymer Environment, vol.13, pp.383388.

• Wibowo, S, Velazquez, G, Savant, V & Antonio, TJ 2003, 'Effect of chitosan on protein and water recovery efficiency from surimi wash water treated with chitosan-alginate complexes', Bioresource Technology,vol.98, pp.539-545.

• Savant, VD & Torres, JA 2003, 'Fourier transform infrared analysis of chitosan based coagulating agents for treatment of surimi waste water', Journal of Food Technology, ,vol.1, pp.23-28.

• Roussy, J, Van Vooren, M, Dempsey, BA & Guibal, E 2005, 'Influence of chitosan characteristics on the coagulation and the flocculation of bentonite suspensions', Water Research, vol.39, pp.3247-3258.

• Roussy, J, Van Vooren, M & Guibal, E 2005, 'Influence of chitosan characteristics on coagulation and flocculation of organic suspensions', Journal of Applied Polymer Science, vol.98, pp.2070-2079.

• Roussy, J, Van, VM & Guibal, E 2004, 'Chitosan for the coagulation and flocculation of mineral colloids', Journal of the Dispersion Science and Technology, vol.25, pp.663-77.

- <u>Harikishore, D</u> & <u>Seung ML</u> 2013, 'Application of magnetic chitosan composites for the removal of toxic metal and dyes from aqueous solutions', Advances in Colloid and Interface Science, vol.201-202, pp. 68-93.

- Huang, C & Chen, Y 1996, 'Coagulation of colloidal particles in water by chitosan', Journal of Chemical Technology and Biotechnology, vol.66, pp.227-232.

- Divakaran, R & Pillai, VNS 2001, 'Flocculation of kaolinite suspensions in water by chitosan', Water Reserach, vol.35, pp.3904-3908.

- Strand, SP, Vandvik, MS, Varum, KM & Ostgaard, K 2001, 'Screening of chitosan and conditions for bacterial flocculation', Biomacromolecules,vol.2, pp.121-133.

- Strand, SP, Varum, KM & Ostgaard, K 2003, 'Interactions between chitosan and bacterial suspension-adsorption and flocculation', Colloid Surf', B, vol.27, pp.71-81.

- Bratskaya, SY, Avramenko, VA, Sukhoverkhov, SV & Schwarz, S 2002, 'Flocculation of humic substances and their derivatives with chitosan',Colloid J ,vol.64, pp.756-761.

- Bratskaya, SY, Schwarz, S & Chervonetsky, D 2004, 'Comparative study of humic acids flocculation with chitosan hydrochloride and chitosan glutamate',Water

Research ,vol.38, pp.2955-2961.

• Guibal, E, Van Vooren, M, Dempsey, BA & Roussy, J 2006, 'A review of the use of chitosan for the removal of particulate and dissolved contaminants', Separation Science and Technology,vol.41, pp.2487-2514.

• Guibal, E & Roussy, J 2007, 'Coagulation and flocculation of dyecontaining solutions using a biopolymer (chitosan)', Reaction Function Polymers, vol.67, pp.33-42.

• Chen, X, Sun, HL & Pan, JH 2006, 'Decolorization of dyeing wastewater with use of chitosan materials', Ocean Science Journal, vol.41, pp.221-226.

• Ganjidoust, H, Tatsumi, K, Yamagishi, T & Gholian, RN 1997, 'Effect of synthetic and natural coagulant on lignin removal from pulp and paper wastewater', Water Science and Technology, vol.35, pp.291-296.

• Ahmad, AL, Sumathi, S & Hameed, BH 2006, 'Coagulation of residue oil and suspended solid in palm oil mill effluent by chitosan, alum and PAC', Chemical Engineering Journal , vol.118, pp.99-105.

• Ahmad, AL, Sumathi, S & Hameed, BH 2004, 'Chitosan: a natural biopolymer for the adsorption of residue oil from oily wastewater', Adsorption Science

Technology, vol.22, pp.75-88.

• Meyssami, B, Kasaeian, AB 2005, 'Use of coagulants in treatment of olive oil wastewater model solutions by induced air flotation', Bioresource Technology,vol.96, pp.303-307.

• Bratskaya, SY, Avramenko, VA, Schwarz, S & Philippova, I 2006, 'Enhanced flocculation of oil-in-water emulsions by hydrophobically modified chitosan derivatives', Colloid Surf A Physicochem Eng Aspects, vol.275, pp.168-176.

• Chung, YC 2006, 'Improvement of aquaculture wastewater using chitosan of different degrees of deacetylation' Environmental Technology, vol.27, pp.1199-208.

• Gamage, A & Shahidi, F 2007, 'Use of chitosan for the removal of metal ion contaminants and proteins from water' Food Chemistry, vol.104, pp.989996.

• Assaad, E, Azzouz, A, Nistor, D, Ursu, AV, Sajin, T & Miron, DN 2007, 'Metal removal through synergic coagulation-flocculation using an optimised chitosan-montmorillonite system', Applied Clay Science,vol.37, pp.258-274.

• Wu, ZB, Ni, WM & Guan, BH 2008, 'Application of chitosan as flocculant for coprecipitation of Mn(II) and suspended solids from dual-alkali FGD regenerating process', Journal of Hazardous Materials', vol.152, pp.757764.

- Zeng, D, Wu, J & Kennedy, JF 2008, 'Application of a chitosan flocculant to water treatment' Carbohydrate Polymers, vol.71, pp.135-139.

- Divakaran, R & Pillai, VNS 2002, 'Flocculation of river silt using chitosan', Water Research, vol.36, pp.2414-2418.

- Rizzo, L, Gennaro, A, Gallo, M & Belgiorno, V 2008, 'Coagulation chlorination of surface water: a comparison between chitosan and metal salts', Separation and Purification Technology, vol.62, pp.78-85.

- Huang, C, Chen, S & Pan, JR 2009, 'Optimal condition for modification of chitosan: a biopolymer for coagulation of colloidal particles', Water Reserach, vol.34, pp.1057-1062.

- Pan, JR, Huang, C, Chen, S & Chung, YC 1999, ' Evaluation of a modified chitosan biopolymer for coagulation of colloidal particles', Colloid Surf A Physicochem Eng Aspects, vol.147, pp.359-364.

- Divakaran, R & Pillai, VNS 2005,' Flocculation of algae using chitosan', J Appl Phycol ,vol.14, pp.418-422.

- Keith, N, Bourgeous, J, Darby, L & George, T 2001, 'Ultrafiltration of wastewater: effects of particles, mode of operation, and backwash effectiveness', Water

Reserch. vol. 35, no. 1, pp. 77-90.

• Cassini, AS, Tessaro, IC, Marczak , LDF & Pertile, C 2010, 'Ultrafiltração de águas residuais da produção de proteína de soja isolada: A comparison of three UF membranes", Journal of Cleancr Production, vol.18, pp. 260-265.

• Yuzhong, Z, Chunming, M, Feng, Y, Ying, K & Hong, L 2009, 'The treatment of wastewater of paper mill with integrated membrane process', Desalination, vol.236, pp.349-356.

• Mika, M, Katja, V, Marianne, N 2006, 'Nanofiltration of biologically treated effluents from the pulp and paper industry', Journal of Membrane Science, vol. 272, pp.152-160.

• Ochando, JM, Hodaifa, G, Victor, MD, Rodriguez, S & Martinez, F , 2013 'Reuse of olive mill effluents from two-phase extraction process by integrated advanced oxidation and reverse osmosis treatment', Journal of Hazardous Materials. vol. 263, pp.158-167.

• Khayet, M, Essalhi, M, Armenta-Deu, C, Cojocaru, C & Hilal, N 2010, 'Optimization of solar-powered reverse osmosis desalination pilot plant using response surface methodology', Desalination, vol.261, pp. 284-292.

•   Mohammadi, H, Gholami, M & Rahimi, M 2009, "Aplicação e otimização no tratamento de águas residuais contaminadas com crómio do sistema de tratamento inverso de águas residuais".

•   Mohamed, T & Nadji, M 2008, 'Optimization of oil removal from oily wastewater by electrocoagulation using response surface method', Journal of Hazardous Materials, vol.158, pp. 107-115.

•   Antonio, RC, Eunice, FSV & Jackeline, AM 2008, 'The removal of an anionic red dye from aqueous solutions using chitosan beads-The role of experimental factors on adsorption using a full fatorial design Journal of Hazardous Materials', vol. 160 , pp.337-343.

•   Seema, S, Vimal, CS & Indra, DM 2013, 'Estudo de otimização de várias etapas e eliminação de resíduos para o tratamento eletroquímico de águas residuais têxteis utilizando elétrodo de alumínio', International Journal of Chemical Reator Engineering. Vol.11, pp. 31-46.

•   Manogari, R, Daniel, D & Krastanov, A 2008, 'Biodegradation of rice mill effluent by immobilised pseudomonas sp. Cells', Ecological engineering and environment protection, No. 1, pp. 30-35.

- Manaswini Behera, Partha S. Jana, Tanaji T. More & Ghangrekar, M 2010, 'Rice mill wastewater treatment in microbial fuel cells fabricated using proton exchange membrane and earthen pot at different pH', Bioelectrochemistry, Vol. 79, pp. 228-233.

I want morebooks!

Buy your books fast and straightforward online - at one of world's fastest growing online book stores! Environmentally sound due to Print-on-Demand technologies.

Buy your books online at
www.morebooks.shop

Compre os seus livros mais rápido e diretamente na internet, em uma das livrarias on-line com o maior crescimento no mundo! Produção que protege o meio ambiente através das tecnologias de impressão sob demanda.

Compre os seus livros on-line em
www.morebooks.shop

Printed by Books on Demand GmbH, Norderstedt / Germany